BEI GRIN MACHT SICH IHR WISSEN BEZAHLT

- Wir veröffentlichen Ihre Hausarbeit, Bachelor- und Masterarbeit

- Ihr eigenes eBook und Buch - weltweit in allen wichtigen Shops

- Verdienen Sie an jedem Verkauf

Jetzt bei www.GRIN.com hochladen und kostenlos publizieren

Bibliografische Information der Deutschen Nationalbibliothek:

Die Deutsche Bibliothek verzeichnet diese Publikation in der Deutschen National-
bibliografie; detaillierte bibliografische Daten sind im Internet über http://dnb.d-
nb.de/ abrufbar.

Impressum:

Copyright © 2016 GRIN Verlag, Open Publishing GmbH
Druck und Bindung: Books on Demand GmbH, Norderstedt Germany
ISBN: 9783668362154

Dieses Buch bei GRIN:

http://www.grin.com/de/e-book/345469/farbsinnstoerung-beim-menschen

Noah Brauneis

Aus der Reihe: e-fellows.net schüler-wissen

e-fellows.net (Hrsg.)

Band 1618

Farbsinnstörung beim Menschen

Symptome, Diagnosemöglichkeiten, Ursachen, Häufigkeit und Behandlungsmöglichkeiten

GRIN Verlag

Inhaltsverzeichnis

Anhang: Vollständiges Interview mit Herrn Dr. Riedel

          Vollständiges Interview mit einem Patienten (anonymisiert)

1 Einleitung: Zitat von John Dalton

„It has been observed, that our ideas of colors, sounds, tastes, &c. excited by the same object may be very different in themselves, without our being aware of it; and that we may nevertheless converse intelligibly concerning such objects, as if we were certain the impressions made by them on our minds were exactly similar."[1] (*Übersetzung: Es wurde inzwischen beobachtet, dass unsere Eindrücke von Farben, Tönen, Geschmäckern etc. von dem selben Objekt an sich sehr unterschiedlich sein können, ohne dass es uns bewusst ist; und dass wir trotzdem in verständlicher Weise über solche Dinge sprechen können, als ob wir uns sicher wären, dass unsere Eindrücke darüber ganz ähnlich sind.*)[2]

Mit diesem Satz von John Dalton[3] aus dem Jahr 1794 beginnt einer der ersten Versuche in der Geschichte des Menschen die Unterschiede in der Farbwahrnehmung zu erforschen. Es hat lange Zeit gedauert bis der Mensch verstanden hat, dass nicht jedes Individuum dieselbe Wahrnehmung empfindet.

Die Seminararbeit mit dem Thema „Farbsinnstörungen beim Menschen" setzt sich mit den nach heutigem Forschungsstand bekannten Informationen über die verschiedenen Arten der Krankheit auseinander und beschäftigt sich ebenfalls gründlich mit den Einschränkungen für Patienten mit Farbsinnstörungen.

2 Farbsinnstörungen beim Menschen

Aufgrund der Komplexität des menschlichen Auges gibt es eine Vielzahl an Arten von Farbsinnstörungen. Im Folgenden werden zunächst die Grundlagen zur menschlichen Farbwahrnehmung erklärt und anschließend die wichtigsten Krankheiten detailliert erläutert.

2.1 Grundlagen zur menschlichen Farbwahrnehmung

Bei dem Eintritt von Licht in das menschliche Auge wird dieses zunächst mehrfach gebrochen und fällt anschließend auf die Retina (Netzhaut). Die Retina besteht aus zwei verschiedenen Arten von Photorezeptoren und einem Nervengeflecht. Die Rezeptoren

---

[1] Nicholson, George: „Memoirs of the Literary and Philosophical Society of Manchester" (Band 5, 1798) S. 28

[2] Übersetzung durch Autor

[3] Dalton, John: englischer Naturforscher und Lehrer, 1766 - 1844

werden in Zapfen und Stäbchen unterteilt.[4] Für das Farbensehen sind die 5-7 Millionen Zapfen zuständig, die hauptsächlich in der *Fovea Centralis*[5] konzentriert sind. Die Zapfen lassen sich nach den jeweiligen Wellenlängen, welche sie absorbieren, in drei verschiedene Arten gliedern, weshalb das menschliche Farbensehen auch Trichromasie bzw. trichromatische Farbempfindung genannt wird. L-Zapfen sind für lange Wellenlängen empfindlich und absorbieren somit rotes Licht. M-Zapfen besitzen hohe Empfindlichkeit für mittlere Wellenlängen und absorbieren deshalb grünes Licht. Die sensibelsten Rezeptoren sind schließlich die S-Zapfen, welche für kurze Wellenlängen zuständig sind und blaues Licht absorbieren. Aufgrund der Überlappungen bei den jeweiligen Absorptionsspektren ist es für den Menschen möglich, unzählig viele verschiedene Farben erkennen zu können (siehe Abb. 1).[6]

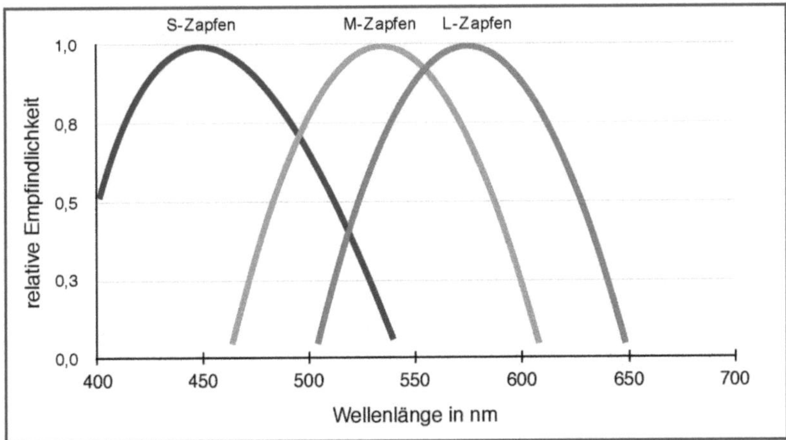

Abb. 1: Schematische Darstellung der Absorptionsspektren (Absorptionsmaxima: S-Zapfen: 445nm; M-Zapfen: 540nm; L-Zapfen: 570nm;)

Das optische Signal wird nach einer Vorverarbeitung und komplexer Verschaltung in der Retina zu einem elektrischen Impuls umgewandelt und über den Sehnerv an das visuelle Zentrum im Großhirn weitergeleitet. Die verschiedenen Reize der Rezeptoren werden dann zusammen im Gehirn verarbeitetet und ergeben schließlich ein farbiges Bild.[7]

---

[4] Vgl. Priese, Lutz: *Computer Vision. Einführung in die Verarbeitung und Analyse digitaler Bilder.* Koblenz, 2015. S.21

[5] Fovea Centralis: Stelle des schärfsten Sehens auf der Netzhaut

[6] Vgl. Hasche, Eberhard / Ingwer, Patrick: *Game of Colors: Moderne Bewegtbildproduktion.* Berlin,2016. S. 2f.

[7] Vgl. Wagner, Patrick: *Farbwahrnehmung,* in: http://www.filmscanner.info/Farbwahrnehmung.html aufgerufen am 23.08.2016

2.2 Symptome von Farbsinnstörungen

Farbsinnstörungen äußern sich bei den Patienten grundsätzlich „als herabgesetzte Empfindlichkeit für bestimmte Farben [...] oder, seltener, als komplette Nicht-wahrnehmung einzelner Farben."[8] Dies führt dazu, dass die Unterscheidung von verschiedenen Farben nur schwer bis gar nicht möglich ist. Zudem hängt die Farbwahrnehmung stark von den Lichtverhältnissen der Umgebung ab. Bei schlechten Lichtverhältnissen ist eine Farbunterscheidung schwieriger als bei hellem Licht.[9] Es kann im alltäglichen Leben schnell zu Problemen führen, welche in Kapitel 2.8 näher erläutert werden. Da Farbsinnstörungen meistens angeboren sind, kann es passieren, dass dem Patienten erst im jugendlichen oder späteren Alter seine Krankheit bewusst wird.[10] Vor allem bei leichter Ausprägung liegt das daran, dass „[...] die eigene ‚verfälschte‘ Farbwahrnehmung als die ‚Richtige‘ gehalten wird".[11] So schrieb bereits 1777 Joseph Huddart[12] in einem Brief von einem Jungen, welcher beim Kirschen pflücken die Kirschen nur von den Blättern durch die unterschiedlichen Formen und Größen unterscheiden konnte, während „andre Kinder [dies] durch einen angeblichen Farben-Unterschied zu erkennen vermochten."[13]

2.3 Diagnose

„Die eingehende Untersuchung des Farbensehens dient nicht nur der Auffindung von Farbsinnstörungen, sondern auch deren Klassifizierung nach Schweregrad und Typ."[14] Aus diesem Grund gibt es eine Vielzahl von Möglichkeiten den Farbsinn zu testen. Im Folgenden werden deshalb nur die Gebräuchlichsten beschrieben.

2.3.1 Ishihara-Farbtafel

Im Jahr 1917 entwickelte der japanische Ophthalmologe Shinobu Ishihara einen nach ihm benannten Farbsehtest, der bis heute zu einem der zuverlässigsten Mitteln gehört, um Farbsinnstörungen festzustellen.[15] Der Test wird mit Hilfe von Farbtafeln durchge-

---

[8] Lang, Gerhard K.: *Augenheilkunde*. 4.Auflage. Stuttgart, 2008. S. 306

[9] Vgl. Frey, René Georg: *Auge und Verkehr*. Stuttgart, 1977. S. 26

[10] siehe Kapitel 2.5 *Ursachen von Farbsinnstörungen*

[11] Interview mit Herr Dr. Riedel, Frage 8

[12] Huddart, Joseph: gelehrter, englischer Schiffskapitän, 1741 - 1816

[13] Hirschberg, Julius: *Geschichte der Augenheilkunde*, Band 6. Hildesheim, 1977. S. 33f.

[14] Dietze, Holger: *Die optometrische Untersuchung*. 2.Auflage. Stuttgart, 2015. S. 50

[15] Vgl. Krämer, Günther: *Kleines Lexikon der Epilepotologie*. Stuttgart, 2005. S.148

Abb. 2: Ishihara-Farbtafel 11 (gesundes
Auge erkennt hier die Zahl 6)

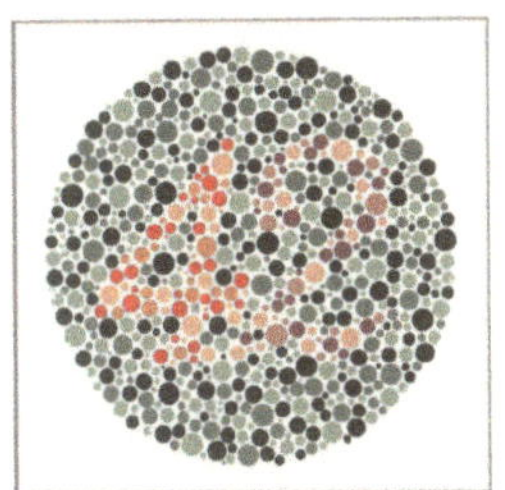

Abb. 3: Ishihara-Farbtafel 23 (gesundes
Auge erkennt hier die Zahl 42)

führt, welche aus kleinen farbigen Punkten bestehen und meist eine Zahl oder einen Buchstaben zeigen (siehe Abb. 2 und 3). Ein Test besteht aus mehreren sogenannten pseudoisochromatischen Tafeln. Anhand der Tafeln, welche falsch oder gar nicht benannt wurden, können Anzeichen für die Art und Ausprägung der Farbsinnstörung erkannt werden, „jedoch ist eine sichere Einstufung nicht möglich".[16]

2.3.2 Farnsworth-Test

Der Farnsworth-Test - auch „Farbfleck-Legetest"[17] genannt - ist ebenfalls eine zuverlässige Methode, um Farbsinnstörungen zu diagnostizieren. Ziel des Tests ist es verschiedene Farbplättchen so zu sortieren, dass jeweils der ähnlichste Farbton an den vorherigen gereiht wird (siehe Abb. 4). Auf der Rückseite der Plättchen befinden sich Zahlen, welche anschließend auf einer Vorlage dementsprechend verbunden werden. Anhand des entstandenen Musters kann dann die Art der Farbsinnstörung abgelesen

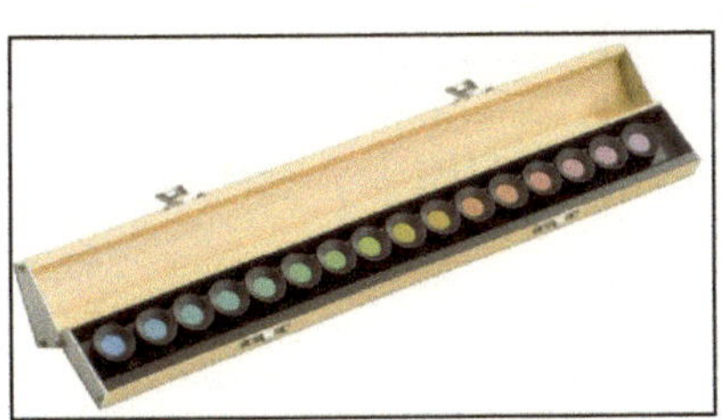

Abb. 4: Schachtel mit Farbplättchen für
Farnsworth-Test (bereits richtig angeordnet)

werden (siehe Abb. 5 und 6, Seite 7). Die zwei gebräuchlichsten Varianten sind der „Panel-D-15-Test", welcher mit einem blauen Farbton startet und mit 15 Plättchen ausgeführt wird, und der etwas umfangreichere „Farnsworth-Munsell-100-Hue-Test", welcher aus 85 Plättchen besteht.[18] [19]

---

[16] Vgl. Dietze, (wie Anm. 14) S. 53

[17] Lachenmayr, Bernhard: *Auge - Brille - Refraktion.* 4. Auflage. Stuttgart, 2006. S. 185

[18] Vgl. Lachenmayr, (wie Anm. 17) S. 185

[19] Vgl. Burk, Annelie: *Checkliste Augenheilkunde.* 5.Auflage. Stuttgart, 2014. S. 63

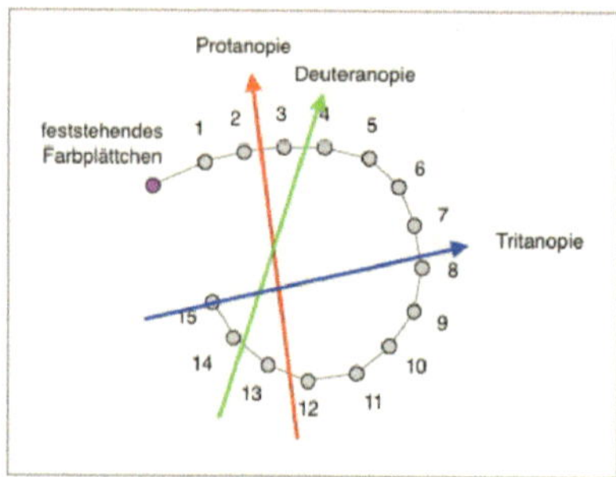

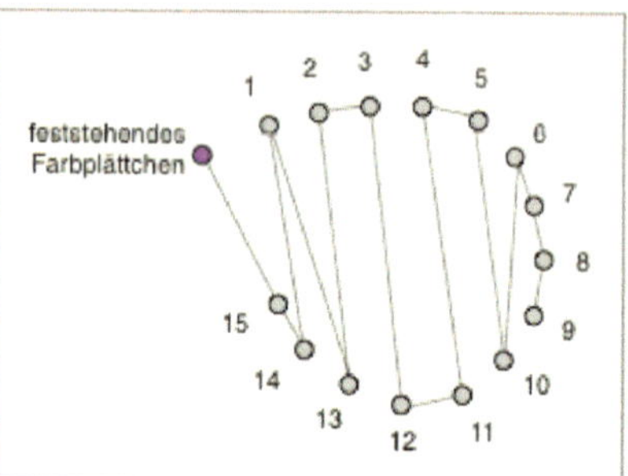

Abb. 5: Schema bei Auswertung des Test bei einem Normalsichtigen. Farbige Pfeile zeigen die Winkel, die bei Patienten mit der jeweiligen Farbsinnstörung entstehen.

Abb. 6: Schema bei Auswertung des Test bei einem Patienten mit Protanopie. (erkennbar anhand der Winkel)

2.3.3 Anomaloskop

Das Anomaloskop ist ein „Spektralfarbenmischapparat"[20], welcher häufig für Gutachten über den Farbsinn - z.B. bei einer Tauglichkeitsprüfung eines Piloten - eingesetzt wird. Bei dem Blick in ein Anomaloskop (siehe Abb. 7) sieht man einen Kreis, welcher horizontal geteilt ist. Die untere Hälfte ist natriumgelb und kann in der Helligkeit verstellt werden. Die oberer Hälfte besteht aus einer Mischung aus rot und grün. Bei einer Untersuchung soll die Testperson mithilfe von Mischschrauben denselben Farbton erreichen, welchen die untere Hälfte fest eingestellt hat. Anhand des verwendeten Mischverhältnisses kann dann ein Anomaliequotient (AQ) errechnet werden, welcher eine Aussage über die Art und Ausprägung der Farbsinnstörung gibt. Jedoch kann mit diesem Gerät keine Tritanopie bzw. Tritanomalie[21] erkannt werden.[22] [23]

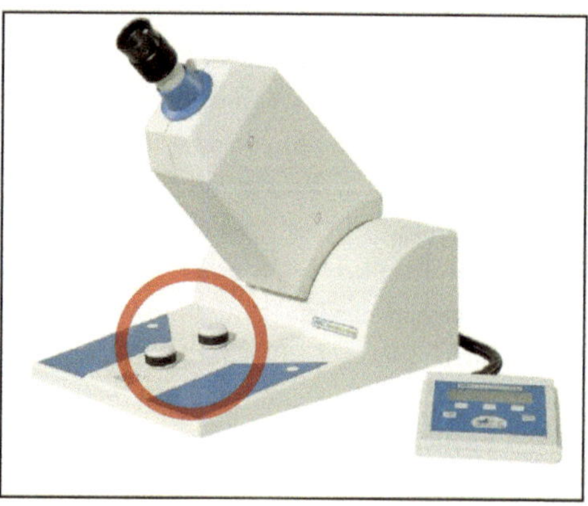

Abb. 7: Anomaloskop mit Mischschrauben, welche vom Patienten benutzt werden (rot eingekreist)

---

[20] Burk, (wie Anm. 19) S. 65

[21] *Tritanopie bzw. Tritanomalie*: siehe Kapitel 2.4 Arten von Dyschromatopsien

[22] Vgl. Lang, (wie Anm. 8) S. 307

[23] Vgl. Burk, (wie Anm. 19) S. 65f.

2.4 Arten von Dyschromatopsien (Farbsinnstörungen)

Die trichromatischen Farbempfindung[24] des Menschen ermöglicht eine Vielzahl an Farbsinnstörungen. Man unterscheidet zwischen Anomaler Trichromasie, Dichromasie und Monochromasie (siehe Abb. 8). Im folgenden Abschnitt werden sämtliche Dyschromatopsien, welche nach heutigem Forschungsstand entdeckt sind, grundlegend erläutert.[25] [26]

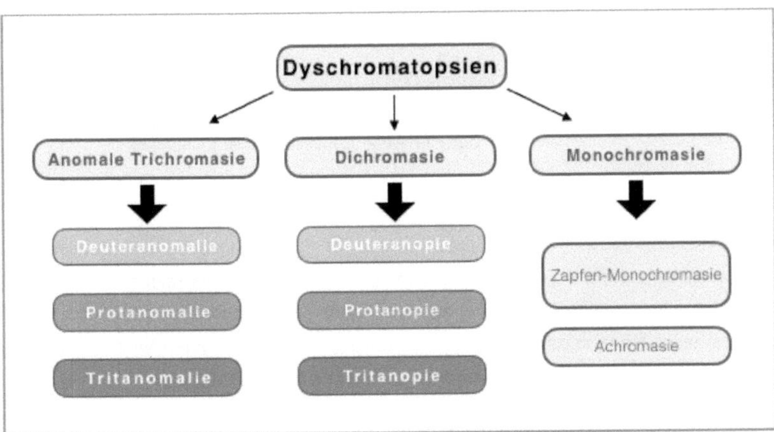

Abb. 8: schematische Darstellung der unterschiedlichen Farbsinnstörungen

2.4.1 Anomale Trichromasie

Bei einer anomalen Trichromasie handelt es sich um eine Farbsehschwäche, welche sich in Deuteranomalie (Grünschwäche), Protanomalie (Rotschwäche) und Tritanomalie (Blauschwäche) gliedert. Dies sind die einzigen Farbsinnstörungen, welche sowohl angeboren, als auch erworben werden können. Bei dieser Krankheit sind die Absorptionsmaxima der jeweiligen Zapfen verschoben, so dass sich die Differenz zu dem nächstliegenden Absorptionsmaxima verkleinert (siehe Abb. 9, Seite 9). Somit kann eine anomale Trichromasie sowohl sehr schwach und kaum bemerkbar, als auch stark bis nahezu einer Dichromasie [27] ausgeprägt sein. [28] [29]

---

[24] *trichromatische Farbempfindung*: siehe Kapitel 2.1 menschliche Farbwahrnehmung

[25] Vgl. Kampik, Anselm/Grehn, Franz: *Augenärztliche Differenzialdiagnose*. 2. Auflage. Stuttgart, 2008. S. 25f.

[26] Vgl. Dietze (wie Anm. 14) S. 51f.

[27] *Dichromasie*: siehe Kapitel 2.4.2 Dichromasie

[28] Vgl. Dietze (wie Anm. 14) S. 52

[29] Vgl. Wissinger, Bernd/Kohl, Susanne: *Genetische Ursachen der Farbenblindheit*, in: http://www.biospektrum.de/blatt/d_bs_pdf&_id=934459, aufgerufen am 25.08.2016

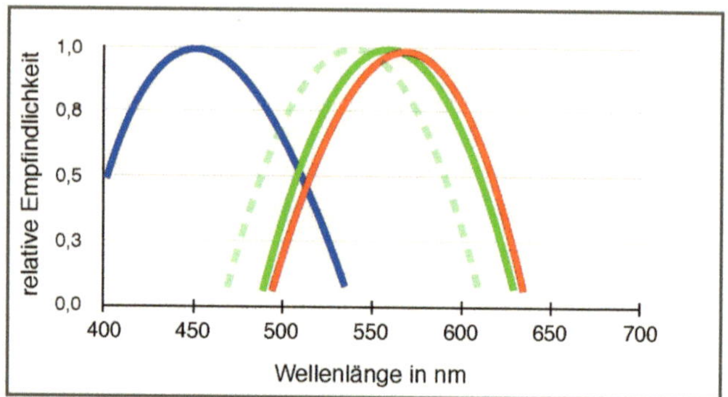

Abb. 9: schematische Darstellung der Absorptionsspektren bei einer Anomalen Trichromasie am Beispiel einer Deuteranomalie (gestrichelte Linie bei Normalsichtigen)

Die Verschiebung des Absorptionsspektrums hat für den Patienten Schwierigkeiten bei der Farbunterscheidung zur Folge. Im Beispiel der Deuteranomalie (siehe Abb. 9) würden Probleme bei der Unterscheidung von Farben im Rot-Grün-Bereich entstehen. Folglich ist bei einer Protanomalie das Absorptionsspektrum der L-Zapfen verschoben und bei einer Tritanomalie kommt es zu einer Verschiebung bei den S-Zapfen.[30]

2.4.2 Dichromasie

Bei dieser Art einer Dyschromatopsie ist einer der drei Zapfentypen entweder nicht vorhanden oder defekt, weshalb man Menschen mit dieser Krankheit auch als „Zweifarbenseher"[31] bezeichnet. Eine Dichromasie kann nur angeboren sein. Man gliedert in Deuteranopie (Grünblindheit), Protanopie (Rotblindheit) und Tritanopie (Blaublindheit).[32] Bei einer Deuteranopie fehlen folglich die M-Zapfen, bei einer Protanopie die L-Zapfen und bei einer Tritanopie die S-Zapfen. Aufgrund des fehlenden Absorptionsspektrums lässt die Krankheit die Farben für Patienten gleich erscheinen, welche ein Normalsichtiger als stark unterschiedlich empfindet (siehe Abb. 10, Seite 10).[33]

---

[30] Vgl. Wissinger (wie Anm. 29) S. 30

[31] Mutter, Edwin: *Farbphotographie: Theorie und Praxis*. Band 4. Wien, 1967. S.29

[32] Siehe Seite 8, Abb. 8

[33] Vgl. Mutter, (wie Anm. 31) S. 29

Abb. 10: Sichtweisen für Menschen mit einer Dichromasie. Bild 1 zeigt eine unbearbeitete Aufnahme und somit die Sicht eines gesunden Mensches. Bild 2, 3 und 4 zeigen jeweils die Sicht als Protanope (2), Deutanope (3) und Tritanope (4).

2.4.3 Monochromasie

Es gibt zwei Arten einer Monochromasie. Die Zapfen-Monochromasie, bei welcher zwei der drei Zapfentypen fehlen oder defekt sind, und die Stäbchen-Monochromasie (auch Achromasie genannt), bei der die Zapfen komplett fehlen. Bei beiden dieser Krankheiten kommt es aufgrund der fehlenden Zapfen zu einem enormen Verlust der Sehschärfe. Bei einer Achromasie ist kein Farbeindruck möglich (siehe Abb. 11), wohingegen beispielsweise bei einer Blauzapfen-Monochromasie in der Dämmerung ein leichter Farbeindruck entsteht, wobei die Stäbchen als kleiner Ausgleich für die fehlenden Zapfen dienen.[34] [35]

Abb. 11: Sichtweise für Menschen mit einer Achromasie. Bild 1 zeigt die Sicht eines Normalsichtigen. Bild 2 zeigt die Sicht eines Menschen mit einer Achromasie.

[34] Vgl. Wissinger (wie Anm. 29) S. 31f.

[35] Vgl. Dietze, (wie Anm. 14) S. 51f.

2.5 Ursachen von Farbsinnstörungen

Farbsinnstörungen können sowohl angeboren als auch erworben sein. Die Häufigkeit von erworbenen Dyschromatopsien ist geringer und die Klassifizierung dieser ist deutlich komplexer, als bei angeborenen Farbsinnstörungen. Dyschromatopsien können durch Krankheiten an organischen Bestandteilen des Sehvorgangs, wie zum Beispiel einer Sehnerventzündung, erworben werden.[36] Aber auch als Nebenwirkung von Medikamenten kann eine Störung der Farbwahrnehmung auftreten. Ein Beispiel hierfür wäre das Therapiemittel für Tuberkulose Ethambutol.[37] Im Gegensatz zu den angeborenen Dyschromatopsien können erworbene Farbsinnstörungen mit unterschiedlicher Intensität in einem einzelnen Auge auftreten. Ein weiterer Unterschied ist, dass die Häufigkeit einer erworbenen Farbsinnstörung bei Männern und Frauen gleich groß ist.[38] Die häufigere Ursache von Farbsinnstörungen ist jedoch genetisch bedingt. Sowohl Protan- als auch Deutanstörungen werden x-chromosomal rezessiv vererbt. Wenn bei der Rekombination[39] der einzelnen Gene Fehler entstehen, kann es aufgrund der starken Ähnlichkeit der Rot- und Grün-Opsingene zu einer Inaktivität eines Zapfentypen kommen. Meistens wird jedoch nur das Absorptionsmaximum eines Zapfentypen verschoben, wodurch nur eine Anomale Trichromasie entstehen kann. Eine Monochromasie entsteht ebenfalls durch eine genetische Ursache, wie beispielsweise eine Mutation bei zwei Genen für Zapfentypen.[40]

2.6 Häufigkeit von angeborenen Dyschromatopsien

„Rund 8% der Männer leiden an einer [angeborenen Farbsinnstörung], jedoch nur etwa 0,5% der Frauen."[41]. Davon sind mehr als die Hälfte an einer Deuteranomalie erkrankt. Protanomalie, Protanopie und Deuteranopie ergeben zusammen die restlichen Anteile. Blau-Gelb-Störungen sind hingegen extrem unwahrscheinlich (siehe Abb. 12, Seite 12). Diese ungleiche Verteilung liegt an der Ursache der Krankheiten.[42] Da die Krankheit x-chromosomal rezessiv vererbt wird, können Frauen einen Gendefekt mit dem zweiten X-Chromosom kompensieren. Männer besitzen nur ein X-Chromosom und sind somit nicht in der Lage dies auszugleichen. Folglich können nur Frauen Überträger einer Dyschro-

---

[36] Vgl. Dietze, (wie Anm. 14) S. 52

[37] Vgl. Interview mit Herr Dr. Riedel, Frage 6

[38] Vgl. Spektrum: *Farbsinnstörungen* - Lexikon der Optik, in http://www.spektrum.de/lexikon/optik/farbsinnstoerung/917, aufgerufen am 3.10.2016

[39] *Rekombination*: Neuanordnung von genetischem Material (DNA, RNA)

[40] Vgl. Wissinger, (wie Anm. 29) S. 30f.

[41] Dietze, (wie Anm. 14) S. 52

[42] siehe Kapitel 2.5 Ursachen von Farbsinnstörungen

matopsie sein ohne selbst daran zu leiden. Die Gene für das Blaupigment liegen dagegen auf dem 7. Chromosom und eine Tritanstörung wird autosomal dominant vererbt. Somit kommt es zu einer Wahrscheinlichkeit, welche deutlich unter einem Prozent liegt.[43]

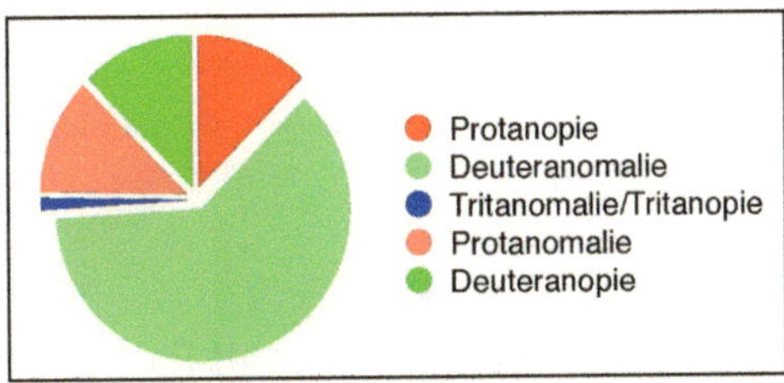

Abb. 12: Darstellung der verschieden Häufigkeiten von Farbsinnstörung bei Männern

2.7 Verlauf und Behandlungsmöglichkeiten

Angeborene Farbsinnstörungen verändern sich im Laufe des Lebens nicht. Die Symptome treten ab der Geburt auf und bleiben konstant bis zum Lebensende.[44] Eine offizielle Behandlungsmethode gibt es nicht, jedoch verspricht die amerikanische Firma „EnChroma" eine Lösung gefunden zu haben. Das Online-Unternehmen bietet Brillen an, welche Patienten das Differenzieren der einzelnen Farben erleichtern soll. Dies geschieht durch eine spezielle Filterung des Lichtes, welches ins Auge fällt. Farbtöne, die zwischen den Absorptionsmaxima der M- und L-Zapfen [45] liegen, werden herausgefiltert. Hinzu kommt, dass der Filter die Absorptionsmaxima weiter auseinander trennen soll. Dadurch können die entsprechenden Farben leichter differenziert werden. Je stärker der Filter eines Brillenglases ist, desto mehr Helligkeit geht dadurch im Seheindruck verloren. Außerdem spricht das Unternehmen von einem kleinen Trainingseffekt, was bedeutet, dass das Gehirn trainiert wird, bestimmte Farben zu differenzieren und somit auch nach dem Tragen der Brille einen Unterschied in der Farbwahrnehmung zu empfinden ist. Jedoch enthalten die „EnChroma"-Brillen Stoffe, welche zu Fehlgeburten führen können und krebserregend sein können. Das Unternehmen verschickt die Brillen, welche ab einem Preis von $299 zu erwerben sind, weltweit.[46] Da die Brillen neu auf dem Markt sind, ist es schwer eine verlässliche Auskunft über den Wahrheitsgehalt der

---

[43] Vgl. Kampik / Grehn, (wie Anm. 25) S. 25f.

[44] Vgl. Dietze, (wie Anm. 14) S. 57

[45] *Absorptionsmaxima der M- und L-Zapfen:* siehe Seite 4, Abb. 1

[46] Informationen von: http://enchroma.com, aufgerufen am 3.10.2016

Aussagen zu machen. Es gibt sowohl viele Kunden, welche bei dem ersten Tragen ihrer Brille über den zuvor nie gesehenen Farbeindruck begeistert in Internetvideos zu sehen sind, als auch Kritiker, welche dieser Methode der Therapie keinen Glauben schenken.[47] Der Verlauf der erworbenen Dyschromatopsie hängt hauptsächlich von der jeweiligen Krankheit oder der Einahme der Medikamente, welche Farbsinnstörung hervorrufen können, zusammen. Somit kann sich beispielsweise die Farbwahrnehmung im Falle der Heilung einer Sehnerventzündung wieder verbessern, da die Medikamente dann nicht mehr eingenommen werden müssen.[48]

2.8 Einschränkungen für Patienten mit Farbsinnstörungen

Für Patienten mit Dyschromatopsien jeglicher Art und Ausprägung gibt es im alltäglichen Leben sowohl kleine als auch größere Einschränkungen, die bewältigt oder hingenommen werden müssen. Als Mensch mit gesunden Augen fehlt häufig die Vorstellung welche Anzahl an Problemen zustandekommen kann. Im folgenden Kapitel wird mit Hilfe eines Interviews mit einem Patienten, welcher an einer anomalen Trichromasie [49] leidet, die Probleme genauer geschildert.[50]

2.8.1 Probleme im Alltag

Da die meisten Farbsinnstörungen angeboren sind, dauert es oft eine Zeit lang bis dem Patienten bewusst wird, dass er an einer Dyschromatopsie leidet. Dies liegt daran, dass der Farbeindruck bereits bei der Geburt schwächer ist und man diesen - vor allem bei schwacher Ausprägung - als den „richtigen" Farbeindruck hält. Außerdem gehört eine Farbsinnprüfung bei einem Augenarzt nicht zu einer Standard-Untersuchung, sondern wird erst bei einer bestimmten Berufswahl oder bei konkretem Verdacht angewendet.[51] Verdacht entsteht durch auffällige Anzeichen der Farbverwechslung, wie zum Beispiel beim Malen einer Weihnachtskarte, auf welcher der Stamm eines Tannenbaums rot ist, die Nadeln braun und die Kristallkugeln grün sind.[52] Jedoch gibt es heutzutage zahlreiche Farbsehtests im Internet, welche innerhalb kürzester Zeit eine grobe Analyse liefern können. Wenn einem Menschen somit die eigene Farbsinnstörung bekannt ist ergeben

---

[47] Vgl. Interview mit Herr Dr. Riedel, Frage 9

[48] Vgl. Interview mit Herr Dr. Riedel, Frage 6

[49] *anomale Trichromasie*: siehe Kapitel 2.4.1 Anomale Trichromasie

[50] siehe Anhang für vollständiges Interview

[51] *Einschränkungen bei der Berufswahl*: Kapitel 2.8.2

[52] Vgl. Interview mit Patienten, Frage 2

sich ebenfalls eine Vielzahl an Hindernissen, weswegen sich der folgende Teil nur mit einigen Beispielen auseinandersetzt. Probleme beginnen schon bei den alltäglichsten Sachen, wie zum Beispiel bei der Kleidungswahl am Morgen bzw. bei der Farbwahl beim Einkauf von Kleidung. Menschen mit gefälschtem Farbeindruck empfinden beispielsweise die Farbe einer Hose deutlich anders als Normalsichtige, was zur Folge hat, dass die betroffene Person anders gesehen wird, wie sie eigentlich gesehen werden möchte.[53] Aber auch beim Einkaufen von Lebensmitteln kann es zu Komplikationen kommen. Während sich die meisten Menschen beim Kauf von Äpfeln, je nach Geschmack, für die grünen bzw. roten Äpfel entscheiden, fällt es Patienten mit Farbsinnstörungen äußerst schwer hierbei die richtige Wahl zu treffen (siehe Abb. 13).

Abb. 13: Das linke Bild zeigt die Sicht auf einen Obststand ohne Dyschromatopsie, das rechte Bild zeigt die Sicht mit einer anomalen Trichromasie.

Weitere Probleme können sich in Schulen bzw. in Universitäten ergeben. Hierbei werden beispielsweise bei einem Anschrieb auf einer grünen Tafel wichtige Begriffe in roter Farbe geschrieben und sind somit für Menschen mit Schwächen im Rot-Grün-Bereich nur schwer zu erkennen. Dieses Problem kann vor allem in der Grundschule schwerwiegende Folgen haben, wenn eine Farbsinnstörung nicht rechtzeitig erkannt wird und daraus zum Beispiel eine Lernstörung gefolgert wird.

---

[53] Vgl. Interview mit Patienten, Frage 4

2.8.2 Einschränkungen bei der Berufswahl

Dyschromatopsien spielen bei der Berufswahl ebenfalls eine Rolle. „Farbschwache Personen, die eine verantwortliche Tätigkeit, basierend auf Farbinformationen, ausüben wollen, können aufgrund von Farbkodierungsverwechslungen z.B. auf Navigationskarten, Signallichtern, Farbdisplays und bei Farbkodes, sich oder andere in höchstem Maße gefährden."[54] Den größten Teil davon machen Berufe im Straßen-, Bahn-, Schiffs-, und Flugverkehr aus. Im Straßenverkehr hat jeder Staat bzw. jedes Unternehmen unterschiedliche Gesetze, da es schwer zu verallgemeinern ist inwiefern Dyschromatopsien gefährdende Probleme mit sich bringen. Grünschwächen sind häufig zugelassen, wohingegen Personen mit einer Protanopie oder Protanomalie aufgrund vieler roter Warnsignale häufig nicht zulässig ist. In Deutschland ist seit dem 1.7.2011 eine Farbsinnstörung kein Grund mehr, eine Fahrerlaubnis nicht auszuhändigen. Die betroffene Person muss lediglich über die mögliche Gefährdung aufgeklärt werden. Diese Entscheidung wurde sehr kritisiert, da die Farbwahrnehmung mit einer Deuteranopie bzw. einer Protanopie im Straßenverkehr schnell zu fatalen Verwirrungen führen kann (siehe Abb. 14). Jedoch gilt für die Fahrerlaubnis zur Personenbeförderung, dass nur eine geringe Störung im Rotbereich vorliegen darf.[55] Allerdings kann ein einzelnes Unternehmen Gutachten bei der Einstellung von Berufsfahrern vornehmen, um kein Risiko eingehen zu müssen.[56] [57] Im Bahn-, Schiffs- und Flugverkehr wird eine uneingeschränkte Farbwahrnehmung vorausgesetzt. Jegliche Art von Farbsinnstörung wird

Abb. 14: Das linke Bild zeigt die original Aufnahme, das mittlere Bild simuliert die Sicht einer Person mit Deuteranopie, das rechte Bild die einer Person mit Protanopie

---

[54] Lachenmayr, Bernhard: *Begutachtung in der Augenheilkunde*. 2. Auflage. Berlin, 2012. S. 54

[55] Vgl. Interview mit Herrn Dr. Riedel, Frage 1

[56] Vgl. Frey (wie Anm. 9), S. 26ff.

[57] Deutsche Ophthalmologische Gesellschaft e.V.: *Fahreignungsbegutachtung für den Straßenverkehr 2013*. 6. Auflage, in http://www.fahrerlaubnisrecht.de/FeV%20neu/Verlinkungen/DOG_-Fahreignungsbegutachtung_2014_03.pdf, aufgerufen am 6.10.2016

hier nicht toleriert und entzieht einem Menschen mit einer Dyschromatopsie beispielsweise die Erlaubnis den Beruf des Piloten auszuüben.[58] Aber auch Elektriker bzw. Mechatroniker müssen bei dem Verbinden von verschiedenfarbigen Kabeln über ein gutes Farbunterscheidungsvermögen verfügen. Je nach Unternehmen muss meistens ein Eignungstest, bei welchem farbige Kabel richtig miteinander verbunden werden müssen, absolviert werden. Weitere Berufe wie zum Beispiel Maler oder sonstige graphische Berufe sind als Person mit einer Farbsinnstörung nur eingeschränkt möglich.[59] Ebenso sind die Tätigkeiten im polizeilichen Berufsfeld kaum möglich.[60]

2.8.3 Einschränkung im Sport

Farbwahrnehmung ist im Sport oft wichtiger als häufig vermutet wird. So kann es beispielsweise bei Teamsportarten vorkommen, dass die Trikotfarben nur schwer oder gar nicht unterschieden werden können. Vor allem bei schlechten Lichtverhältnissen kann dies zu Problemen führen.[61] Aber auch bei Randsportarten wie zum Beispiel Kanuslalom kommt es zu Komplikationen wenn die Farbwahrnehmung eingeschränkt ist. In dieser Sportart müssen Tore, je nach farblicher Markierung, in unterschiedlicher Richtung durchfahren werden. Da die Tore entweder rot oder grün gekennzeichnet sind, ist dies für Personen mit einer Rot- bzw. Grünschwäche schwer zu erkennen.[62]

2.9 Auswertung der Interviews

Der Befund bei einem Augenarzt fällt bei einer Farbsinnstörung meistens sehr kurz aus. Eine ausführliche Diagnose wird nur bei speziellen Berufen benötigt, ansonsten reichen einige Ishihara-Farbtafeln aus, um feststellen zu können, ob eine Farbsinnstörung vorliegt. Wegen fehlender Behandlungsmethoden, kann keine Therapie durchgeführt werden und somit ist der jeweilige Patient auf sich selbst gestellt. Im alltäglichen Leben kommen zwar kleinere Probleme auf, diese sind jedoch meist leicht zu bewältigen. Hinderlich kann es bei bestimmten Teamsportarten sein. Aber auch bei der Bildung kann es für Menschen mit Dyschromatopsien zu Nachteilen kommen.

---

[58] Vgl. Interview mit Herrn Dr. Riedel, Frage 1

[59] Vgl. Dörfler/Eisenmenger/Lippert/Wandl: *Medizinischen Gutachten*. Berlin, 2015. S. 426

[60] Vgl. Homepage der Bundespolizei: *Merkblatt - Sehfähigkeit*, in: https://www.komm-zur-bunde-spolizei.de/mediathek/pdf/download/36, aufgerufen am 7.10.2016

[61] Vgl. Interview mit Patient, Frage 5

[62] Vgl. Interview mit Patient, Frage 8

3 Schluss: Zukunftsperspektiven in der Behandlung von Farbsinnstörungen

Da Farbsinnstörungen meistens genetisch bedingt sind, wird es wahrscheinlich noch lange dauern bis zuverlässige Behandlungsmöglichkeiten in Frage kommen. Das Auge ist eines der sensibelsten und komplexesten Bestandteile des menschlichen Körpers, weswegen operative Eingriffe selbst der Fachwelt in naher Zukunft als noch nicht vorstellbar sind. Mit der „EnChroma-Brille" wurde sicher ein Schritt in die richtige Richtung gemacht. Wenn diese Theorie in der Praxis tatsächlich funktioniert, wären eventuell Kontaktlinsen denkbar. Fest steht, dass die Forschung noch viel zu leisten hat, um Farbsinnstörungen heilen zu können. Zumindest könnten sie der oft unterschätzten Zahl von ca. 300 Millionen Menschen ein Stück weit das Leben erleichtern und Einblicke in die faszinierende Welt der Farben gewähren.

Literaturverzeichnis

Literatur

- Nicholson, George: *Memoirs of the Literary and Philosophical Society of Manchester,* Band 5. Manchester, 1798. R. & W. Dean & Co. Printers.

- Priese, Lutz: *Computer Vision. Einführung in die Verarbeitung und Analyse digitaler Bilder.* Koblenz, 2015. Springer Verlag. ISBN 978-3-662-45128-1

- Hasche, Eberhard / Ingwer, Patrick: *Game of Colors: Moderne Bewegtbildproduktion.* Berlin, 2016. Springer Verlag. ISBN 978-3-662-43888-1

- Dietze, Holger: *Die optometrische Untersuchung.* 2. Auflage. Stuttgart, 2015. Thieme Verlag KG. ISBN 978-3-13-142232-3

- Lang, Gerhard K.: Augenheilkunde. 4. Auflage. Stuttgart, 2008. Georg Thieme Verlag KG. ISBN 978-3-13-102834-1

- Hirschberg, Julius: *Geschichte der Augenheilkunde.* Band 6. Hildesheim/New York, 1977. Georg Olms Verlag. ISBN 3-487-06467-7

- Krämer, Günther: *Kleines Lexikon der Epilepotologie.* Stuttgart/New York, 2005. Georg Thieme Verlag KG. ISBN 3-13-133831-8

- Lachenmayr, Bernhard/Friedburg, Dieter/Hartmann, Erwin/Buser, Annemarie: *Auge - Brille - Refraktion,* Schober-Kurs: verstehen - lernen - anwenden. 4.Auflage. Stuttgart, 2006. Thieme Verlag. ISBN 3-13-139554-0

- Burk, Annelie/Burk, Reinhard: *Checkliste Augenheilkunde.* 5. Auflage. Stuttgart, 2014. Georg Thieme Verlag. ISBN 3-13-151855-3

- Kampik, Anselm/Grehn, Franz: *Augenärztliche Differenzialdiagnose.* Stuttgart, 2008. Georg Thieme Verlag. ISBN 978-3-131-18622-5

- Mutter, Edwin: *Farbphotographie: Theorie und Praxis.* Band 4. Wien, 1967. Springer Verlag. ISBN 978-3-7091-3872-4

- Frey, René Georg: *Auge und Verkehr.* Stuttgart, 1977. Hrsg: Hollwich, Fritz. Ferdinand Enke Verlag. ISBN 3-432-89591-7

- Dörfler, Hans/Eisenmenger, Wolfgang/Lippert, Hans-Dieter/Wandl, Ursula: *Medizinische Gutachten.* 2. Auflage. Berlin Heidelberg, 2015. Springer Verlag. ISBN 978-3-662-43424-6

- Lachenmayr, Bernhard: Begutachtung in der Augenheilkunde. 2. Auflage. Berlin Heidelberg, 2012. Springer Verlag. ISBN 978-3-642-29634-5

Internetquellen

- Wagner, Patrick: *Farbwahrnehmung,* in: http://www.filmscanner.info/Farbwahrnehmung.html, aufgerufen am 23.08.2016

- Wissinger, Bernd/Kohl, Susanne: Genetische Ursachen der Farbenblindheit, in: http://www.biospektrum.de/blatt/d_bs_pdf&_id=934459, zuletzt geändert: 01.2005, aufgerufen am 25.08.2016

- Spektrum: Farbsinnstörungen - Lexikon der Optik, in: http://www.spektrum.de/lexikon/optik/farbsinnstoerung/917, aufgerufen am 3.10.2016

- Homepage des Online-Unternehmens *EnChroma:* http://enchroma.com, aufgerufen am 3.10.2016

- Deutsche Ophthalmologische Gesellschaft e.V.: Fahreignungsbegutachtung für den Straßenverkehr 2013. 6. Auflage. in http://www.fahrerlaubnisrecht.de/FeV%20neu/ Verlinkungen/DOG_Fahreignungsbegutachtung_2014_03.pdf, aufgerufen am 6.10.2016
- Homepage der deutschen Bundespolizei: *Merkblatt - Sehfähigkeit*, in https:// www.komm-zur-bundespolizei.de/mediathek/pdf/download/36, aufgerufen am 7.10.2016

<u>Personen</u>

- Dr. med. Peter Riedel, Augenarzt
- Patient mit anomaler Trichromasie, männlich, 21 Jahre alt

Abbildungs- und Tabellenverzeichnis

Abb. 1, S. 4: schematische Darstellung der Absorptionsspektren
Eigenherstellung der Skizze

Abb. 2, S. 6: Ishihara-Farbtafel 11
https://upload.wikimedia.org/wikipedia/commons/e/e0/Ishihara_9.png

Abb. 3, S. 6: Ishihara-Farbtafel 23
https://upload.wikimedia.org/wikipedia/commons/f/f0/Ishihara_23.PNG

Abb. 4, S. 6: Schachtel mit Farbplättchen
http://www.eyesfirst.eu/media/catalog/product/cache/2/image/640x/040ec09b1e35d-f139433887a97daa66f/F/a/Farnsworth_15_D_56001_56004_4.jpg

Abb. 5, S. 7: Testauswertung eines Nomalsichtigen bei Farnsworth-Test
Eigenherstellung der Skizze nach Vorlage von Burk, (wie Anm. 16) S.186

Abb. 6, S. 7: Testauswertung eines Patienten mit Protanopie bei Farnsworth-Test
Eigenherstellung der Skizze nach Vorlage von Burk, (wie Anm. 16) S.186

Abb. 7, S. 7: Anomaoskolp
http://www.vonhoff.ch/portfolio-item/oculus-anomaloskop-2/

Abb. 8, S. 8: schematische Darstellung der unterschiedlichen Farbsinnstörungen
Eigenherstellung der Skizze nach Vorlage von Dietze, (wie Anm. 11) S. 52

Abb. 9, S. 9: schematische Darstellung der Absorptionsspektren bei einer Anomalen Trichromasie; Eigenherstellung der Skizze

Abb. 10, S. 10: Sichtweisen für Menschen mit Dichromasien
http://www.biospektrum.de/blatt/d_bs_pdf&_id=934459

Anhang

Interview mit Herrn Dr. Riedel am 14.9.2016:

Frage 1: Kommen Patienten mit Beschwerden über ihre Farbwahrnehmung zu ihnen, oder ist eine Farbsinnprüfung in einer Standarduntersuchung enthalten?

Herr Dr. Riedel: Weder noch. Eigentlich werden Patienten vom Betriebsarzt zu mir geschickt, wenn sie beispielsweise Elektriker werden wollen. Früher war es ganz wichtig, dass sie die Farben der Kabel richtig erkennen konnten, heutzutage sind das ja alles Stecksysteme. Dadurch kommen immer weniger wegen einer Farbsinnschwäche zu mir in die Praxis. Ein anderes Problem ist, wenn Sie einen Führerschein machen wollen für Personenbeförderung - sprich Pilot, Taxi- oder Busfahrer - dürfen Sie grünschwach sein, und rotschwach nur wenig. Meine Patienten sind dann immer recht frustriert, wenn ich ihnen mitteilen muss, dass es mit dem Führerschein nicht funktioniert. Aber das sind sehr Wenige, da ja die meisten Männer grünschwach sind.

Frage 2: Wie alt sind ihre Patienten im Durchschnitt, wenn ihnen bewusst wird an Farbsinnstörung zu leiden?

Herr Dr. Riedel: Meistens kommen sie eben dann, wenn sie ihren Führerschein machen wollen. Manchmal auch wenn sie Lehrling werden wollen und dem Betriebsarzt dann etwas auffällt, kommen sie zu mir. Also so durchschnittlich würde ich zwischen 16 und 25 Jahren behaupten.

Frage 3: Testen Sie ausschließlich mit Farbtafeln oder benutzen sie auch andere Mittel?

Herr Dr. Riedel: Nein, ich teste auch mit einem Anomaloskop, es steht einen Raum weiter. Das ist eine Maschine mit der man austesten kann, ob ein Patient im roten oder grünen Bereich schwach ist. Aber in der Regel reichen die Farbtafeln.

Frage 4: Kennen Sie Kollegen, die andere Mittel benutzen (z.B. einen Farnsworth-Test)?

Herr Dr. Riedel: Ein Farnsworth-Test wird selten benutzt, aber ab und zu wird noch der 100-Hue-Test angewendet. Das ist so ein bisschen wie „Mühle mit Farben spielen".

Frage 5: Wie genau kann man feststellen, um was für eine Art von Farbsinnstörung es sich handelt bzw. wie kann der Ausprägungsgrad bestimmt werden?

Herr Dr. Riedel: Mit dem Anomaloskop kann man ein sogenannten Anomaliequotient fes-
tlegen, welcher dann eine Aussage über den Ausprägungsgrad macht.

Frage 6: In welchen Fällen kann eine Farbsinnstörung nicht angeboren sein?

Herr Dr. Riedel: Bei ganz seltenen Medikamenten kann die Nebenwirkung einer Farbsinnstörung eintreten, beispielsweise bei dem Tuberkulosemittel Ethambutol. Wenn die
Krankheit aber dann wieder geheilt ist und man das Medikament nicht mehr einnehmen
muss, lässt auch die Farbsinnstörung wieder nach.

*Frage 7: Kann sich eine Farbsinnstörung im Laufe des Lebens ändern (verstärken, ab-
schwächen)?*

Herr Dr. Riedel: Da eine Farbsinnstörung leider genetisch bedingt ist, kann sie sich auch
im Laufe des Lebens nicht ändern und bleibt immer gleich.

Frage 8: Über was für Probleme im Alltag / Beruf oder Sport klagen Patienten?

Herr Dr. Riedel: Es gibt immer wieder Probleme, jedoch werden es immer weniger. Zum
Einen kennen die Patienten nur ihren eignen Farbeindruck und wissen somit nicht wie es
„normalerweise" aussieht. Deshalb wird eine Farbsinnstörung noch nicht im Kindesalter
entdeckt, da die eigenen „verfälschte" Wahrnehmung als die „Richtige" gehalten wird.
Zum Anderen wird heutzutage viel für Menschen mit Farbsinnstörung gemacht. Wenn
Sie zum Beispiel eine moderne Ampel beobachten, dann ist sowohl in dem Rot, als auch
in dem grünen Licht ein großer Blauanteil, damit es für Farbschwache leichter zu erkennen ist.

*Frage 9: Haben Sie schon etwas von der EnChroma-Brille gehört? Wenn ja, was halten
sie davon? Wenn nein, sind Ihnen sonstige Behandlungsmöglichkeiten bekannt?*

Herr Dr. Riedel: Ich halte gar nichts davon. Die Netzhaut verarbeitet nicht die Information
der Farbe, also kann ich mir nicht vorstellen, dass dann eine Brille helfen kann. Ich
kenne auch keine andere Behandlungsmöglichkeit, da man sich theoretisch genetisch
verändern müsste.

Frage 10: Darf ich Sie in der Seminararbeit nennen?

Herr Dr. Riedel: Aber sicher.

Interview mit eine Patienten am 1.10.2016:

Frage 1: An was für einer Art von Farbsinnstörung leiden Sie und wie stark Ist diese bei Ihnen ausgeprägt?

Patient: Ehrlich gesagt, weiß ich das gar nicht so genau. Ich weiß nur, dass ich eine Farbschwäche im roten oder grünen Bereich besitze. Es würde mir ja nicht weiterhelfen, wenn ich es genau wüsste.

Frage 2: In welchem Alter haben sie bemerkt, dass Sie an einer Farbsinnstörung leiden?

Patient: Genau genommen war das, als ich 16 Jahre alt war. Es war bei einem Termin beim Augenarzt, da meine Mutter den Verdacht hatte, dass ich an einer Farbsinnstörung leide. Wenn ich jedoch zurückdenke, müsste mir das schon viel früher aufgefallen sein. Ich habe zum Beispiel in der Grundschule eine Weihnachtskarte für meine Oma gemalt und auf der Karte war ein Weihnachtsbaum. Das kuriose daran war, dass der Stamm rot, die Nadeln braun und die Kristallkugeln grün waren und mir das selber nicht bewusst war.

Frage 3: Hatte es für Sie irgendwelche Folgen, nachdem Sie wussten, dass Sie an einer Farbsinnstörung leiden?

Patient: Naja, ein bisschen schon. Mein Traumberuf war damals Polizist, was aber durch meine Farbsinnstörung jetzt nicht mehr in Frage kommt.

Frage 4: Fühlen Sie sich durch ihre Krankheit im alltäglichen Leben benachteiligt?

Patient: Man entwickelt ein bisschen seine eigenen Methoden, um Hindernisse aus dem Weg zu räumen. Mir selbst ist aufgefallen, dass mein Gehirn sich von selbst keine Farben merkt. Wenn ich mich mit einer Person treffe und danach gefragt werde, welche Farben die Kleidung der Person hatte, kann ich das nicht beantworten. Dafür merke Ich mir beispielsweise viel über Formen und andere Dinge. Was mich bis heute noch hindert sind farbig markierte Wörter auf Internetseiten oder in Büchern. Ich brauche meist lange, um überhaupt zu merken, ob farbige Begriffe vorhanden sind oder nicht. Das ist manchmal sehr nervig. Aber auch bei der Kleidungswahl brauche ich manchmal Hilfe, wenn ich nicht genau weiße, welche Farbe ein bestimmtes Kleidungsstück hat.

Frage 5: Hatte Sie durch ihre Krankheit schon größere Probleme?

Patient: Nein, nicht wirklich. Die Berufswahl ist eingeschränkt, aber sonst gibt es keine größeren Probleme. Es kommt öfters zu kleineren Problemen. Beispielsweise beim

Fußballspielen: Wenn abends gespielt wird und die Trikotfarben ungünstig gewählt sind, fällt es mir schwer die jeweiligen Team zu differenzieren. Das ist beim Fußballspiel natürlich nicht gut, wenn alles möglichst schnell gehen sollte.

Frage 6: Gibt es in Ihrer Familie weitere Fälle von Farbsinnstörungen?

Patient: Ja, mein Bruder ist ebenfalls betroffen.

Frage 7: Wie erkennen Sie die Farben rot und grün?

Patient: Diese Frage werde ich oft gefragt. Ich antworte immer darauf, dass ich das nicht erklären kann. Es sei wie als wenn man einem seit der Geburt blinden Menschen erklären müsse, was „Gelb" ist. Da ich nur meinen Farbeindruck kenne, habe ich auch nichts womit ich diesen vergleichen könnte. Aber ich denke mal, dass der Farbeindruck einfach etwas weniger farbintensiv ist.

Frage 8: Nimmt Ihr persönliches Umfeld Rücksicht auf ihre Krankheit?

Patient: Es gibt nur wenige Situationen, in welchen das nötig ist. Aber wenn ich beispielsweise damals im Kunstunterricht nach einer bestimmten Farbe gefragt habe, wurde sie mir meist ohne zu zögern von meinen Kameraden ausgesucht. Manchmal wurde es jedoch auch benutzt, um mich hinters Licht zu führen und mir wurde absichtlich die falsche Farbe gegeben. Über solche Vorfälle lache ich aber selbst gerne. Aber auch beim Sport brauche ich manchmal Hilfe. Ich fahre schon lange Kanuslalom. In dem Sport gibt es rote und grüne Tore und mir fällt es oft schwer diese zu unterscheiden.

Frage 9: Haben Sie sich schon mal über eine Therapie bzw. Behandlung Gedanken gemacht?

Patient: Der Augenarzt sagte damals, dass es sowas nicht geben würde, da die Krankheit genetisch bedingt ist. Ich habe letztens mal von einer Brille gehört, welche die Farbschwäche ausgleichen kann. Jedoch gibt es diese nur in Amerika und ist relativ teuer. Außerdem ist es - soweit ich weiß - nicht wissenschaftlich geprüft, ob das auch funktioniert.